BEI GRIN MACHT SICH IHR WISSEN BEZAHLT

- Wir veröffentlichen Ihre Hausarbeit,
  Bachelor- und Masterarbeit

- Ihr eigenes eBook und Buch -
  weltweit in allen wichtigen Shops

- Verdienen Sie an jedem Verkauf

Jetzt bei www.GRIN.com hochladen
und kostenlos publizieren

Nicola Höfer

Antikarzinogene Effekte von konjugierten Linolsäuren

GRIN Verlag

Bibliografische Information der Deutschen Nationalbibliothek:

Die Deutsche Bibliothek verzeichnet diese Publikation in der Deutschen National-
bibliografie; detaillierte bibliografische Daten sind im Internet über http://dnb.d-
nb.de/ abrufbar.

Impressum:

Copyright © 2003 GRIN Verlag GmbH
Druck und Bindung: Books on Demand GmbH, Norderstedt Germany
ISBN: 978-3-656 57141-4

Institut für Tierernährung und Ernährungsphysiologie

Justus Liebig Universität Gießen

Fachbereich Agrarwissenschaften, Ökotrophologie und
Umweltmanagement

Bachelor- Studienarbeit

Antikarzinogene Effekte von konjugierten Linolsäuren

eingereicht von: Nicola Höfer

Gießen, im Oktober 2003

INHALTSVERZEICHNIS

ABBILDUNGS- UND TABELLENVERZEICHNIS

1 Einleitung

Mitte der 80er Jahre wurde von PARIZA und HARGRAVES (1985) in gegrilltem Hackfleisch eine Substanz entdeckt, die eine mutationshemmmende Aktivität aufwies. Die aktiven Moleküle wurden später als konjugierte Linolsäuren (eng.: conjugated linoleic acid, CLA), einer Mischung aus positionellen und geometrischen Isomeren der Linolsäure, identifiziert.
Verschiedene Studien haben mittlerweile gezeigt, dass CLA Atherosklerose (LEE et al. 1994), Körperzusammensetzung (PARK et al. 1997) und Immunfunktion positiv beeinflussen (COOK et al. 1993). Außerdem sind CLA in der Lage auf die Karzinogenese einzuwirken.

Krebs gehört zu den häufigsten Krankheiten in den westlichen Industrienationen (LEVI et al. 1999; QUINN 2003). Seit längerem schon ist bekannt, dass Risikofaktoren wie Fettstoffwechselstörungen, Diabetes mellitus und frühzeitige Atherosklerose durch die Ernährung beeinflusst werden. Auch bei Krebs scheint eine ausgewogene Ernährung die Prävention und Therapie zu unterstützen (KROKE und BOEING 1997). Es besteht daher ein zunehmendes Interesse an Nahrungsbestandteilen, die protektive physiologische Wirkungen besitzen.
HA et al. (1987) konnten erstmals eine antikarzinogene Wirkung der konjugierten Linolsäuren feststellen. Seitdem sind CLA für die Krebsprävention stetig bedeutsamer geworden.

In der vorliegenden Arbeit werden *in vitro* Befunde, Tierstudien sowie Studien an humanen Krebszellkulturen und an Menschen vorgestellt und interpretiert. Die Ergebnisse sollen einen Überblick über das antikarzinogene Potential der CLA verschaffen.

2 Aufbau und Klassifizierung von Fettsäuren

Fettsäuren, zu denen CLA gehören, stellen eine Komponente der Lipide dar. Es handelt sich um organische Säuren (Carbonsäuren) mit einer meist langen, unverzweigten Kohlenwasserstoffkette. Anzahl der C-Atome sowie Sättigungsgrad mit H-Ionen stellen die Hauptcharakteristika dar (MENGEL 1994).

Fettsäuren können Doppelbindungen enthalten (=ungesättigte Fettsäuren), die in *cis*-Konfiguration vorliegen und dem ansonsten gestreckten Molekül einen „Knick" verleihen. Die natürlich vorkommenden Fettsäuren sind, bis auf einige Ausnahmen, *cis*-Isomere. Bei der Hydrierung und bei allgemein intensiver thermischer Belastung können Umlagerungen dieser Doppelbindungen auftreten, die zur *trans*-Konfiguration führen.

Die Nomenklatur der Fettsäuren geht vom höchst oxidierten Kohlenstoffatom aus, so dass das C-Atom der Carboxylgruppe mit 1 bezeichnet wird. Die Beschreibung einer Fettsäure enthält die Anzahl der vorhandenen C-Atome, die Anzahl der Doppelbindungen sowie deren Lage. Die Bezeichnung „omega (ω)" (oder „n") gibt die Stelle der ersten Doppelbindung vom Methylende aus betrachtet, delta (Δ) die Stelle der ersten Doppelbindung vom Carboxylende aus betrachtet im Molekül an. Die Schreibweise der Linolsäure, die aus 18-C-Atomen mit zwei Doppelbindungen an C9 und C12 besteht, lautet: Linolsäure (18:2; 9,12, ω-6).

Tierische Organismen sind in der Lage Fettsäuren selbst zu synthetisieren, können jedoch Doppelbindungen hinter C9 nicht mehr einfügen. Langkettige, mehrfach ungesättigte Fettsäuren sind daher essentiell und müssen mit der Nahrung zugeführt werden. Essentielle Fettsäuren sind Linol- und Linolensäure (18:3, 9,12,15, ω-3) (BIESALSKI und GRIMM 2002).

3 Konjugierte Linolsäuren (CLA)

3.1 Struktur und Synthese von CLA

Der Begriff CLA beschreibt eine Mischung aus geometrischen und Positions-Isomeren der Linolsäure (*cis*-9,*cis*-12-Octadecadienssäure, siehe Abb. 1). Diese Isomere besitzen jeweils zwei Doppelbindungen, die sich an unterschiedlichen Positionen im Molekül befinden. FRITSCHE et al. (1999) identifizierten, neben den *cis,cis* und *trans,trans* Isomeren, folgende Verbindungen als Hauptisomere: *trans*-8,*cis*-10-C18:2, *cis*-9,*trans*-11-C18:2, *trans*-10,*cis*-12-C18:2 und *cis*-11,*trans*-13-C18:2.

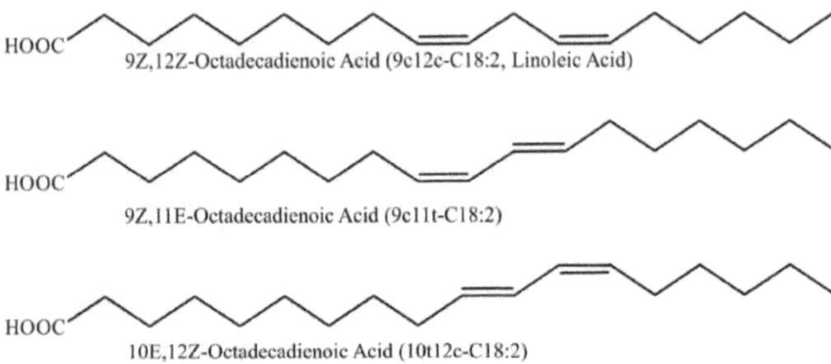

Abb.1: *Chemische Struktur von Linolsäure und CLA (cis-9,trans-11-/trans-10,cis-12-C18:2). Quelle: GNÄDIG 2002*

Die Synthese der CLA erfolgt während der bakteriellen Fermentation im Pansen von Wiederkäuern. Der erste Schritt stellt die Isomerisierung der Linolsäure (*cis*-9,*cis*-12-C18:2) zu dem Hauptisomer *cis*-9,*trans*-11-Octadecadiensäure, auch „Rumenic Acid" genannt, dar. Katalysiert wird dieser Vorgang laut KEPLER et al. (1966) durch eine membrangebundene Isomerase des anaeroben Pansenbakteriums *Butyrivibrio fibrisolvens*. Anschließend werden die Intermediate in ein Gemisch, welches hauptsächlich aus *trans*-Vaccensäure (*trans*-11C18:1) und Elaidinsäure (*trans*-9-C18:1) besteht, umgewandelt. Der letzte Schritt der Verstoffwechselung ist die Reduktion von *trans*-Vaccensäure zu Stearinsäure (C18:0). Dies scheint der geschwindigkeitslimitierende Schritt zu sein (KEMP et al. 1975) und es kommt daher laut den Autoren zu einer Ansammlung der Intermediate Rumenic Acid und *trans*-Vaccensäure, welche ins Interstinum und das Gewebe absorbiert werden.

CLA können auch im Fett- und Brustgewebe laktierender Kühe unter Einfluss der Δ-9-Desaturase aus *trans*-Vaccensäure entstehen (GRIINARI et al. 2000). Die endogene Synthese im Brustgewebe scheint ein wichtiger Schritt zu sein, da nach GRIINARI et al. (2000) mehr als 60% der CLA im Milchfett der laktierenden Kuh über diesen Weg gebildet werden.

Daneben ist die Bildung von CLA ebenfalls über Oxidationsprozesse von Linolsäure durch freie Radikale in Anwesenheit von Proteinen und Singulettsauerstoff möglich (GUYAN et al.1990). Die Menge der so gebildeten CLA-Isomere ist jedoch sehr gering.

3.2 CLA in der menschlichen Ernährung

3.2.1 CLA-Gehalte in Lebensmitteln

Der Anteil von CLA, insbesondere des Hauptisomers *cis*-9,*trans*-11-C18:2, wurde von FRITSCHE und STEINHART (1998 b) in verschiedenen Lebensmitteln, die in Deutschland üblicherweise konsumiert werden, ermittelt. Die Autoren legen den Focus auf die Rumenic Acid, da dieses Isomer über 80% der gesamten CLA in den Lebensmitteln repräsentiert.

Milchprodukte:

Als Folge der Synthese der CLA in Wiederkäuern, stellen Milch- und Molkereiprodukte aus Kuhmilch die Hauptaufnahmequellen dar. Der Gehalt schwankt jedoch in weiten Grenzen und ist z.B. in altem Emmentaler-Käse (1,70% bezogen auf alle Fettsäure-Methylester) circa dreimal so hoch wie in Kondensmilch (0,63%). Gründe für diese Schwankungen sind nach Ansicht der Autoren die schon unterschiedlichen Gehalte im Rohmaterial welche durch Rinderrasse, Fütterung sowie Herstellungs- und Verarbeitungsverfahren (erhitzen, pasteurisieren, reifen, lagern etc.) beeinflusst werden.

Fleischprodukte:

Konjugierte Linolsäuren sind vorwiegend im Fleisch von Wiederkäuern enthalten (z.B. 1,20 % in Lamm) und nur in geringen Mengen im Fleisch von Nicht-Wiederkäuern (z.B. 0,12% in Schweinefilet). Auch die Bakterienflora der Nicht-Wiederkäuer ist laut FRITSCHE und STEINHART (1998 b) in der Lage CLA zu synthetisieren, jedoch in wesentlich geringeren Mengen.

Im Gegensatz zu Milchprodukten ist der CLA-Gehalt in verarbeiteten Fleischprodukten genauso hoch wie im Rohmaterial, weder Verarbeitungsart noch -temperatur haben einen wesentlichen Einfluss auf diese Werte.

Fisch:

CLA-Gehalte in Fisch sind im Vergleich zu Milch- und Fleischprodukten verschwindend gering (z.B. 0,09 % in Karpfen). Wie die Bildung der konjugierten Linolsäuren in marinen Spezies von statten geht ist nicht bekannt.

Öle und Margarinen:

FRITSCHE und STEINHART (1998 b) untersuchten außerdem raffinierte und nicht-raffinerte Öle wie Walnuss-, Oliven-, Sonnenblumen-, Kokos- oder Erdnussöl und Margarinen (Diät-, Sonnenblumen-, Halbfett- und Pflanzenmargarinen). CLA-Anteile waren in diesen Lebensmitteln nicht nachzuweisen (CLA < 0,01%).

Industriell hergestellte Lebensmittel (Processed Foods)

Industriell hergestellte Lebensmittel (Schokolade, Gebäck, Kuchen, Knabberwaren) enthalten sehr geringe Gehalte an konjugierten Linolsäuren (zwischen 0,09% (Nuss-Nougat-Creme) und 0,55% (Blätterteig)). CLA stammen bei diesen Produkten vorwiegend aus enthaltenem Milchfett. Abb. 2 zeigt die CLA-Gehalte ausgewählter Lebensmittel.

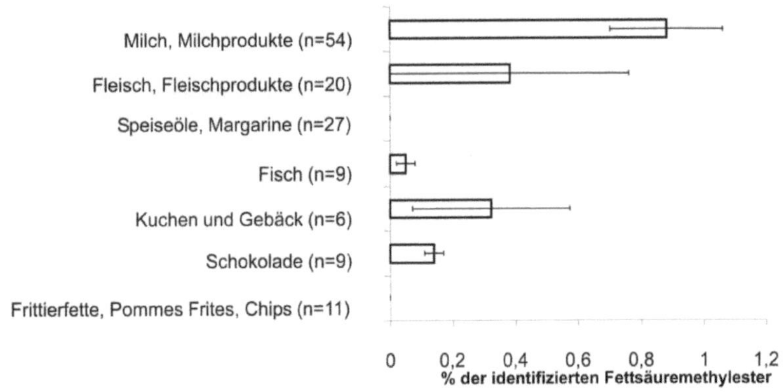

Abb. 2: *Gehalte von cis-9,trans-11-C18:2 in verschiedenen Lebensmittelgruppen bezogen auf Fett. Quelle: FRITSCHE und STEINHART 1998 b*

3.2.2 Aufnahme von CLA

Mit Hilfe der ermittelten Gehalte von CLA in Lebensmitteln und einer Evaluation der Höhe der täglichen Aufnahme dieser Lebensmittel, schätzen FRITSCHE und STEIN-HART (1998 b) die CLA-Aufnahme in Deutschland auf 0,35 g/Tag für Frauen und

0,44 g/Tag für Männer. Für die USA veranschlagen RITZENTHALER et al. (2001) einen Wert von 0,15 g/Tag für Frauen und 0,21 g/Tag für Männer. HERBEL et al. (1998) schätzen die durchschnittliche Aufnahme von CLA in den USA auf 0,14 g/Tag.

Angaben zum Bedarf sowie Zufuhrempfehlungen sind noch nicht bekannt.

3.2.3 Physiologische Eigenschaften von CLA

CLA werden aufgrund einer Vielzahl von Studien die Fähigkeit zur Vorbeugung koronarer Herzkrankheiten, Verbesserung der Immunfunktion bzw. positiven Änderung des Muskel-/Fett-Verhältnisses zugesprochen. Im Folgenden sollen diese einzelnen Funktionen kurz dargestellt werden. Die ebenso wichtige antikarzinogene Eigenschaft der CLA wird in Kapitel 5 ausführlich dargestellt.

CLA und Atherosklerose

Plasmalipide, Lipoproteine sowie oxidiertes LDL stellen Risikofaktoren bei der Pathogenese der Atherosklerose dar. Die antiatherogene Wirkung der CLA konnte in verschiedenen Tierversuchen gezeigt werden. LEE et al. (1994) verabreichten Kaninchen CLA- supplementiertes Futter (0,5 g CLA/Tag) über 22 Wochen: Plasmatrigylceride, LDL-Cholesterin sowie der LDL/HDL-Quotient sanken signifikant. Ebenfalls sank die Zahl der Lipidablagerungen in der Aorta.

NICOLOSI et al. (1997) erreichten bei Hamstern mit einem CLA-Zusatz (0,06%, 0,11% und 1,1% Isomerengemisch in der Gesamtnahrung) ebenfalls eine signifikante Senkung des Gesamt- und LDL-Cholesterins sowie des Triglycerid-Spiegels.

Eine signifikante Verminderung der Fettstreifen („fatty streak")-Bildung in den Aorten wurde von den Autoren nicht nachgewiesen. Fettstreifen entwickeln sich mit fortgeschrittener Atherosklerose in den Gefäßwänden.

MUNDAY et al. (1999) beobachteten in ihrem Versuch mit Mäusen eine signifikant fördernde Wirkung von CLA auf die Atherogenese. Da Mäuse sich im Lipidmetabolismus von Menschen unterscheiden, ist die Relevanz dieser Ergebnisse in Bezug auf die Atherogenese des Menschen fraglich (KRAFT und JAHREIS 2001).

Antiatherogene Effekte der konjugierten Linolsäuren erklären WHIGHAM et al. (2000) durch den verminderten Cholesterinspiegel in der Leber und durch die verminderte Cholesterinsekretion aus der Leber sowie durch die Fähigkeit der CLA die Thromboxanproduktion und die Plättchenaggregation zu hemmen.

CLA und Immunfunktion

Einige Studien zeigen, dass CLA vor Kachexie (Wachstumsunterdrückung, Gewichtsverlust, allg. Kräfteverfall) schützen können. COOK et al. (1993) induzierten eine katabole Stoffwechsellage bei Küken durch Gabe eines Endotoxins (LPS, Lipopolysaccharid). Die mit CLA gefütterten Tiere (0,5% CLA im Futter) zeigten eine signifikant geringe Wachstumssuppression als Kontrolltiere. Darüber hinaus wurde eine durch LPS ausgelöste Anorexie (Appetitlosigkeit) vermindert.

YANG et al. (2000) stellten an Mäusen die genetisch bedingt an Gewichtsverlust litten fest, dass eine Supplementation mit CLA den Gewichtsverlust verlangsamte. In verschiedenen Geweben (Milz, Luftröhre, Knochen) und im Serum konnte eine reduzierte Synthese von PGE_2 (Prostaglandin E_2: entzündungsfördernd, aggregatorisch, vasokonstriktiv) durch WHIGHAM et al. (2000) nachgewiesen werden.

In einer Humanstudie wurde der Einfluss von CLA auf Parameter des Immunstatus (Zahl der Leukozyten, Granulozyten, Monozyten, weißen Blutzellen, Lymphozyten sowie Lymphozyten-Vermehrung) überprüft: Veränderungen der getesteten Parameter konnten nicht festgestellt werden (KELLEY et al. 2000).

CLA und Körperzusammensetzung

In verschiedenen Versuchen mit Schweinen und Mäusen (PARK et al. 1997; WEST et al. 1998; OSTROWSKA et al. 1999) zeigten CLA die Fähigkeit den Körperfettanteil zu vermindern und den Anteil der fettfreien Masse zu erhöhen. Mäuse sprachen stark auf eine CLA-Supplementation an und zeigten einen Fettverlust von 57 bis 60% und eine Zunahme der Lean Body Mass um 5 bis 14% (PARK et al. 1997).

BLANKSON et al. (2000) stellten bei adipösen Probanden eine signifikante Verminderung der Körperfettmasse fest (bei einer CLA-Dosis von >3,4 g/Tag über 12 Wochen).

ZAMBELL et al. (2000) sowie MEDINA et al. (2000) konnten in ihren Untersuchungen an gesunden Frauen keinen Einfluss auf die Körperzusammensetzung durch CLA feststellen.

Weitere physiologische Eigenschaften von CLA

Neben den oben beschriebenen Eigenschaften werden CLA auch eine antithrombotische (TRUITT et al. 1999), antidiabetogene (HOUSEKNECHT et al.1998) sowie antiallergene (SUGANO et al. 1998) Wirkung zugesprochen. Darüber hinaus sollen

CLA auch zu einer Erhöhung der Knochen- und Knorpelmasse beitragen (WATKINS und SEIFERT 2000).

<u>3.2.4 Biologisch aktive Isomere</u>

Über *das* bzw. *die* aktiven Isomere ist derzeit noch wenig bekannt. Augenblicklich wird den Isomeren *cis*-9,*trans*-11- und *trans*-10,*cis*-12-C18:2 die höchste biologische Aktivität zugesprochen (KRAFT und JAHREIS 2001; RICKERT und STEINHART 2001). Nach Ansicht der Autoren ist es noch nicht möglich ein einzelnes Isomer für eine bestimmte physiologische Funktion verantwortlich machen zu können.

4 Krebs

4.1 Definition und Epidemiologie

Der Begriff Krebs ist eine allgemeine Bezeichnung für eine bösartige Geschwulst (Tumor) im Körper. Der Begriff Bösartigkeit hängt mit der Auswirkung des Tumors auf den Körper zusammen. Entscheidend ist dabei Ausbreitungsart, Wachstumsgeschwindigkeit und die Bildung von Tochtergeschwülsten (Metastasen) (GRUND-MANN 1992).

Die Ergebnisse epidemiologischer Studien lassen erkennen, dass das Risiko des Menschen an bestimmten Krebsarten zu erkranken von seiner Ernährung beeinflusst wird (KROKE und BOEING 1997). In derzeitigen Schätzungen gehen Ernährungs-mediziner davon aus, dass etwa 30-35% aller Krebserkrankungen in der westlichen Welt durch Ernährungsfehler verursacht werden (KROKE und BOEING 2000). Deut-lich wird dieser Aspekt wenn Migranten mit den Landsleuten in ihrer Heimat ver-glichen werden: ausgewanderte Japaner oder auch Schwarze in den USA erkranken weitaus häufiger an Magen- bzw. Darmkrebs als die genetisch identische Bevölk-erung in den Heimatländern (WOGAN 1985; ELMADFA und LEITZMANN 1998).

Besonders anfällige Organe für Krebs sind Lunge, Brust, Prostata sowie große Ein-geweideorgane wie Dick- und Mastdarm. In den Vereinigten Staaten machen Erkran-kungen dieser Gewebe die Hälfte der Gesamtkrebserkrankungen sowie die Hälfte aller Todesfälle aus (QUINN 2003).

Tabelle 1 stellt die Zahlen für die fünf in Deutschland häufigsten Krebsarten dar. Sie machen deutlich, dass ein erheblicher Anteil an Krebserkrankungen durch Ernährungsumstellung vermieden werden könnte.

Tab.1: Verhütbarer Anteil an Krebserkrankungen[1] für die fünf häufigsten Krebslokalisationen und prozentuale Häufigkeit dieser Tumore bei Männern und Frauen in Deutschland (modifiziert nach KROKE und BOEING 2000)

Männer		Krebslokalisation	Frauen	
verhütbarer Anteil (%) durch empfohlene Ernährungsweise[2]	prozentuale Häufigkeit von Krebstodesfällen (1995)[3]		prozentuale Häufigkeit von Krebstodesfällen (1995)[3]	verhütbarer Anteil (%) durch empfohlene Ernährungsweise[2]
20-33	26,7	Lunge	7,9	20-33
66-75	12,4	Dickdarm	16,3	66-75
-	-	Brust	17,9	33-50
10-20	11,0	Prostata	-	-
66-75	7,3	Magen	7,2	66-75
33-50	4,7	Bauchspeicheld.	5,8	33-50

[1]Gemäß den Schätzungen des World Cancer Research Fund & American Institute for Cancer Research (WCRF); [2]Bei Einhaltung der vom WCRF empfohlenen Ernährungsweise; [3]Quelle: Dachdokumentation Krebs, Robert-Koch-Institut, Berlin

4.2 Pathogenese

Fast jedes Gewebe im menschlichen Körper kann Bildungsort für einen bösartigen Tumor sein – gesunde Zellen werden dabei verdrängt. Maligne Zellen sind weniger differenziert als die Zellen des umgebenden Gewebes und können ihre ursprünglichen Funktionen kaum noch oder gar nicht mehr ausüben. Ist der Tumor in das umliegende Gewebe eingewachsen können die Krebszellen in Blut- oder Lymphbahnen gelangen, sich über den Körper verbreiten und in anderen Geweben zu Tochtergeschwülsten führen (BROCKHAUS 2001).

Die Entwicklung eines Krebses erfolgt über mehrere reversible bzw. irreversible Stufen. In der anfänglichen Initiierungsphase kommt es in einer Zelle zur irreversiblen Transformation der DNA durch karzinogene Substanzen (siehe auch 4.3.1) die eine primäre Tumorzelle entstehen lassen. Dieser Vorgang läuft sehr schnell ab, jedoch kann die nun genetisch veränderte Zelle lange Zeit inaktiv bleiben.

An die Initiierungsphase schließt sich die Promotionsphase: Primäre Tumorzellen werden durch weitere Substanzen (Promotoren) gefördert (= promoviert), beginnen sich zu vermehren und bilden somit einen Tumor. Wie lange diese Phase dauert hängt von vielen Faktoren ab. Bei menschlichen Tumoren dauert es mindestens fünf, vielfach 10 bis 30 Jahre. Die Dauer wird im Wesentlichen mitbestimmt durch cokarzinogene Faktoren (siehe auch 4.3.2), also durch exogene und endogene Einwirkungen welche die Tumorentstehung begünstigen (GRUNDMANN 1992).

In der sich anschließenden Progressionsphase finden in den Zellen zahlreiche Mutationen der DNA statt. Die entstehenden Zellen werden nun als Neoplasien (neuartige Zellen) bezeichnet. Sie zeigen ein ungehindertes Wachstum und innerhalb von Monaten bis wenigen Jahren bildet sich der manifeste Tumor (BINGHAM 1998).

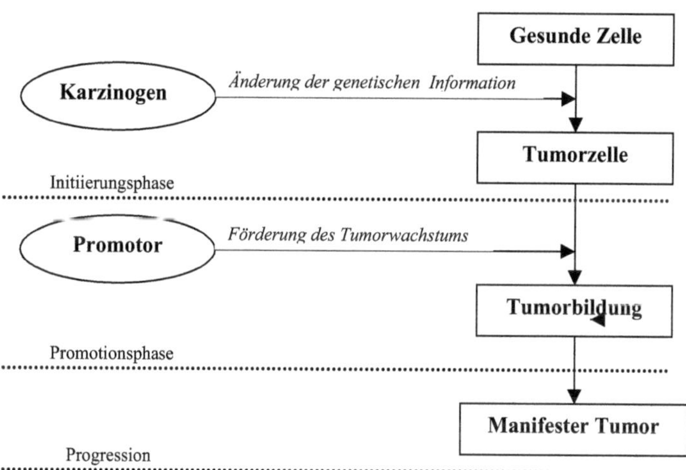

Abb. 3: *Tumorbildung. Quelle: Krebshilfe 2003*

4.3 Krebs und Ernährung: ein multifaktorieller Zusammenhang

Nahrungsmittel sind in der Regel komplexe Mischungen aus Nährstoffen und Begleitstoffen unterschiedlichster Art. Studienergebnisse zeigen, dass einige der Nahrungsbestandteile einen Einfluss auf das Krebsrisiko ausüben. Substanzen dieser Art werden in zwei generelle Kategorien eingeteilt: genotoxische Karzinogene und protektive Faktoren, sogenannte Antikarzinogene (WOGAN 1985).

<u>4.3.1 Karzinogene Faktoren</u>

Nach dem heutigen Kenntnisstand gelten vor allem zwei nutritive Faktoren als risikoreich bei der Entstehung von Krebs: exzessive Energiezufuhr über den Bedarf hinaus (WILLETT 1997 und 1998; GIOVANNUCCI 1999) sowie eine hohe Fett- und Fleischzufuhr (WILLETT 1990; KUSHI und GIOVANNUCCI 2002).

Eine hohe Kalorienzufuhr beeinflusst direkt Vorgänge im Körper wie z.B. Zellentstehung bzw. –wucherung, Radikalbildung oder die Expression von Fremdstoff-metabolisierenden Enzymen. Eine Reduktion der Kalorienzufuhr wirkt sich positiv auf DNA-Reparaturprozesse aus und erhöht die Expression von Tumorsuppressorgenen (EISENBRAND et al. 2000).

Der Gastrointestinaltrakt gehört zu den Organsystemen, die unmittelbar den Nahrungsfaktoren ausgesetzt sind und für die eine Beziehung von Ernährung und Malignombildung nahe liegend ist. Bei den Karzinomformen des oberen Verdauungstrakts spielen synergetische Wirkungen von Rauchen und Alkohol eine wesentliche Rolle. Für das Auftreten eines Magenkarzinoms konnte als wesentlicher Faktor in den letzten Jahren eine Mikrobe, *Helicobacter pylori*, identifiziert werden. Darüber hinaus wird eine Vitamin C-arme sowie salzreiche Ernährung mit einem erhöhten Magenkrebsrisiko in Verbindung gebracht (KROKE und BOEING 1997).

Krebs im Bereich des Colon wird nach ELMADFA und LEITZMANN (1998) durch eine fettreiche und ballaststoffarme Kost begünstigt. WILLETT (1998) ist der Ansicht, dass ein hoher Konsum von rotem Fleisch unabhängig von der zugeführten Fettmenge Colonkrebs begünstigt.

Nitrosamine, die beim Verzehr von fermentierten Lebensmitteln gebildet werden können, steigern das Krebsrisiko im Bereich der Nasenschleimhäute. Daneben werden Mykotoxine (=Stoffwechselprodukte von Schimmelpilzen) als stärkste Leberkarzinogene vermutet (ELMADFA und LEITZMANN 1998).

Heterozyklische aromatische Amine, N-Nitrosoverbindungen sowie polyzyklische Kohlenwasserstoffe, die bei der Nahrungszubereitung entstehen oder mit der Nahrung aufgenommen werden oder sich endogen im Körper bilden, haben sich im Tierversuch ebenfalls als Karzinogene, insbesondere im Bereich der Leber, erwiesen (WAKABAYASHI et al. 1992; FERGUSON 1999).

4.3.2 Cokarzinogene Faktoren

Cocarzinogene sind wie unter 4.2 angedeutet Substanzen oder Einwirkungen, die alleine kein bösartiges Zellwachstum verursachen können. Die Entstehung eines Tumors wird durch cokarzinogene Faktoren begünstigt, indem der Zeitraum zwischen Initiation und Manifestation verkürzt wird. Beispiele für Cocarzinogene sind hormonelle und immunologische Einflüsse, entzündliche Reize bzw. die Entzündung selbst (GRUNDMANN 1992).

4.3.3 Antikarzinogene Faktoren

Es gilt heute als gesichert, dass ein hoher Obst- und Gemüseverzehr mit einer Verringerung des Krebses in vielen Geweben verbunden ist (BLOCK et al. 1992; RIBOLI und NORAT 2003).

STEINMETZ und POTTER (1996) nennen insbesondere folgende rohe Gemüsesorten bzw. Früchte, denen ein präventives Potential zugesprochen wird: Allium- sowie Kruziferen-Gemüse, grüne Gemüse, Karotten und Tomaten. Die Autoren sind darüber hinaus der Ansicht, dass es sich bei Thiolverbindungen, Isothiocyanaten, Indol-3-carbinol, Isoflavonen, Protease-Inhibitoren, Saponinen, Phytosterolen, Inositol-Hexaphosphat, Folsäure, Selen, Flavonolden in diesen Gemüsen offenbar um die wirksamen Pflanzeninhaltsstoffe handelt.

Die Vitamine C und E stellen ebenfalls protektive Substanzen dar (BYERS und GUERRERO 1995). Der effektivste Schutz wird laut den Autoren erreicht, indem die Vitamine über Nahrungsmittel aufgenommen werden, sprich zusammen mit anderen Nährstoffen oder bioaktiven Verbindungen und nicht in Form von Supplementen.

Auch verschiedene Carotinoide wurden auf eine antikarzinogene Aktivität getestet. Dabei zeigte sich in einer Studie von NISHINO et al. (2000), dass neben β-Carotin auch α-Carotin, Lutein, Lycopin, Zeaxanthin und β-Cryptoxanthin hoch wirksam sind.

Eine hohe Zufuhr von Ballaststoffen kann das Krebsrisiko vor allem im Bereich des Colon senken (KRITCHEVESKY 1997; ELMADFA und LEITZMANN 1998; REDDY 1999). Polysaccharide wie Cellulose, Hemicellulose und Pektin sowie Phytinsäure als Nichtkohlenhydrat, weisen ein präventives Potential auf (REDDY 1999). Speziell die Weizenkleie zeigte in verschiedenen Studien einheitlich sehr starke protektive Effekte (KRITCHEVESKY 1997; REDDY 1999).

5 Antikarzinogene Effekte von CLA

Der Konsum von Nahrungsfetten wird mit einem erhöhten Krebsrisiko in Verbindung gebracht. Verschiedene aktuelle Studien beschäftigen sich mit den physiologischen Effekten von konjugierten Linolsäuren, da diesen Fettsäuren stark krebshemmende Eigenschaften zugesprochen werden. Folgende *in vitro*- sowie *in vivo*-Studien an Tieren und Menschen sollen einen Überblick über das antikarzinogene Potential von CLA verschaffen.

5.1 *In vitro* Studien

CUNNINGHAM et al. (1997) untersuchten mögliche Mechanismen der Stimulation oder Hemmung des Zellwachstums durch Linolsäure und CLA mittels Inhibitoren der Eicosanoid-Synthese. Dazu wurden normale menschliche Mammaepithelzellen (HMEC) und MCF-7 Mammakarzinomzellen in serumfreiem Medium inkubiert. Dieses Medium enthielt entweder Linolsäure oder CLA und Cyclooxygenase- (Indomethacin, INDO, Prostaglandinsynthese-Inhibitor) oder Lipooxygenase- (Nordihydroguaiaretic Acid, NDGA, Leukotriensynthese-Inhibitor) Inhibitoren.

Linolsäure stimulierte das Wachstum sowie die Einbindung von [^{3}H]Thymidin (einem Nucleosid der DNA) in HMEC- und der MCF-7 Zellen, während CLA diese Prozesse hemmten. CLA verhinderten somit das Zellwachstum beider Zelltypen – der Gesunden und der Neoplasien. Die intrazelluläre Lipidperoxidation (Bildung von Fettsäureradikalen) wurde durch Linolsäure erhöht, wohingegen CLA sich auf diesen Vorgang nicht auswirkten.

Die Supplementation von HMEC-Zellen mit CLA und NDGA oder INDO stimulierte das Wachstum ebenso wie die Behandlung von MCF-7-Zellen mit CLA und INDO. CLA und NDGA (ohne INDO) bewirkten synergetisch eine Wachstumshemmung bei MCF-7-Zellen. CUNNINGHAM et al. (1997) nehmen an, dass die Effekte der CLA durch eine Hemmung der Lipooxygenase vermittelt werden.

SHULTZ et al. (1992 a) beurteilten die Wirkung von physiologischen CLA-Konzentrationen und β-Carotin auf humane Krebszellen (menschliche Melanome (M21-HPB), colorectale Krebszellen (HT-29), Mammakarzinomzellen (MCF-7)). Die Inkubation dieser drei Krebszellarten mit CLA führte zu einer signifikanten Reduktion der Proliferation verglichen mit Kontrollkulturen (18-100%). MCF-7-Zellen, die mit CLA behan-

delt wurden, integrierten signifikant weniger [^{3}H]Leucin (45%) (proteinogene Amino-
säure) sowie [^{3}H]Uridin (63%) und [^{3}H]Thymidin (46%) (Nucleosid-Bausteine von
DNA und RNA). M21-HPB und HT-29-Zellen, die mit CLA supplementiert wurden,
banden weniger [^{3}H]Leucin (25-30%) als Kontrollzellen. SHULTZ et al. folgerten,
dass CLA in der Lage sind die Protein- und Nucleotid-Synthese zu hemmen und
kommen damit ebenso wie CUNNINGHAM et al. (1997) zu dem Schluss, dass das
Krebszellwachstum durch CLA gehemmt wird.

Auch eine weitere Studie von SHULTZ et al. (1992 b) konnte dieses Ergebnis
bestätigen. MCF-7 Mammakarzinomzellen wurden für 12 Tage mit verschiedenen
Konzentrationen an CLA oder Linolsäure inkubiert (17,8 – 71,4 µmol). Linolsäure
stimulierte das MCF-7 Zellwachstum bei Konzentrationen von 35,7 – 71,4 µmol,
wirkte jedoch nach dem achten und zwölften Inkubationstag bei den gleichen Konzentrationen hemmend. Im Gegensatz dazu hemmte CLA das Krebszellwachstum
auf jeder Konzentrationsstufe und zu allen Zeitpunkten der Messung. Die Intensität
der Wachstumsinhibierung durch CLA war abhängig von Dosis und Zeit, sie lag
zwischen 4 und 33% bei der Linolsäure und zwischen 54 und 100% bei der CLA
(gemessen zw. dem achten und zwölften Inkubationstag). SHULTZ et al. (1992 a+b)
schlossen aus diesen Studienergebnissen, dass CLA und Linolsäure auf MCF-7
Mammakarzinomzellen zytotoxisch wirken, wobei Effekte der CLA wesentlich ausge-
prägter waren.

DURGAM und FERNANDES (1997) beschäftigten sich mit der Frage, ob der hem-
mende Effekt der CLA auf Mammakarzinomzellen in Beziehung zum Östrogen-
Rezeptor-System der MCF-7-Zellen steht. Es zeigte sich, dass CLA selektiv die Ver-
mehrung von MCF-7-Zellen mit östrogenpositiven Rezeptoren hemmte im Vergleich
zu MDA-MB-231-Zellen mit östrogennegativen Rezeptoren. Untersuchungen der
Zellzyklen deuteten darauf hin, dass MCF-7-Zellen, die mit CLA versetzt wurden, ver-
stärkt in der G_0/G_1-Phase verblieben als Kontrollzellen oder Zellen, die mit Linolsäure
behandelt wurde. Ebenso hemmte CLA die Expression des Transkriptionsfaktors c-
myc in MCF-7-Zellen. Es handelt sich dabei um einen Regulator des Zellzyklus, der
Gene aktivieren oder reprimieren kann, die für den Zellzyklus wichtig sind. Bei Krebserkrankungen ist das c-myc Gen häufig dereguliert oder es findet eine Überexpres-
sion des Myc-Proteins statt – c-myc zeigt dann eine Wirkung als Onkoprotein.
DURGAM und FERNANDES (1997) vermuteten, dass CLA das MCF-7-Wachstum

hemmt, indem die Fettsäure mit dem östrogenregulierendem, mitogenen Stoff-wechsel interferiert.

IGARASHI und MIYAZAWA (2001) untersuchten menschliche Hepatom-Zellen (Hep2G) um herauszufinden, ob sich die wachstumsinhibierenden Effekte der CLA auf die Lipidperoxidation in den jeweiligen Zellen beziehen. Die Zellen wurden mit 5-40 μmol CLA, einer Mischung aus *cis*-9,*trans*-11-C18:2 und *trans*-10,*cis*-12-C18:2, bis zu 72 Stunden inkubiert. Die Zellvermehrung wurde dosis- und zeitabhängig durch CLA gehemmt. Nach sieben Stunden Inkubation war die Bildung von Hydro-peroxiden aus ungesättigten Fettsäuren in den Phospholipiden der Zellmembranen in den CLA-behandelten Zellen stärker unterdrückt als in den Linolsäure behandelten und den Kontrollzellen. Ein Lipidperoxidations-Assay, der TBA-Test, zeigte keine Unterschiede zwischen CLA- und Linolsäure- behandelten Zellen. Obwohl die zelluläre Lipidperoxidation nicht stimuliert wurde, stiegen der Fettgehalt (Triglyceride, Cholesterin, freies Cholesterin) sowie der Gehalt an Fettsäuren (Palmitinsäure, Palmitoleinsäure, Stearinsäure) in den CLA-behandelten Zellen im Vergleich zu Linolsäure-behandelten und Kontrollzellen. IGARASHI und MIYAZAWA (2001) vermuteten, dass der wachstumsinhibierende Effekt von CLA auf HepG2-Zellen auf die oben genannte Veränderung des Fettsäure-Metabolismus in den Zellen zurück-zuführen ist und nicht auf die Lipidperoxidation.

5.2 *In vivo* Studien an Tieren

BELURY et al. (1996) untersuchten die Rolle der CLA hinsichtlich hemmender Effek-te in der Phase der Postinitiation der Karzinogenese an Mäusen mit Hautkrebs (indu-ziert durch 12-O-Tetradecanoylphorbol-13-Acetat, TPA). Ziel der Studie war es, die Rolle steigender CLA-Konzentrationen im Futter der Tiere mit einer Tumorbildung in Verbindung zu bringen. Während der Initiationsphase wurde den Mäusen ein Futter ohne CLA verabreicht, in der sich anschließenden Promotionsphase wechselte man zu Diäten die CLA enthielten (0,0%, 0,5%, 1,0%, oder 1,5% CLA). Die Autoren beo-bachteten, dass sich die Papillom-Häufigkeit bei Mäusen mit der höchsten CLA-Dosis im Vergleich zu den Tieren mit geringer Dosis (0,0 bis 1,0%) reduzierte. Vierundzwanzig Wochen nach der Promotion wurde festgestellt, dass Tiere, die mehr CLA über die Diäten erhalten hatten (1,0% und 1,5%), weniger Tumore aufwiesen, als solche, die weniger bzw. kein CLA bekommen hatten (1,0 bzw. 1,5% CLA: 4,35

Tumore/Maus; 0,5% CLA: 5,9 Tumore/Maus; 0,0% CLA: 6,65 Tumore/Maus). Die Daten dieser Studie zeigen, dass CLA die Tumorpromotion in Mäusen hemmt.

CESANO et al. (1998) beschäftigten sich mit dem Einfluss dreier Diäten auf das Wachstum und die Metastasierung von menschlichen Prostatakrebszellen (DU-145), geimpft in stark immungeschwächte Mäuse (SCID). Zwei Wochen vor der Impfung und über die gesamte Studie hinweg (14 Wochen) wurden die Mäuse entweder mit einer Standarddiät, einer Diät mit 1% Linolsäure oder einer Diät mit 1% CLA gefüttert. Mäuse, die eine Linolsäure-supplementierte Nahrung erhielten wiesen eine höhere Tumorbelastung auf als die Tiere aus den anderen beiden Gruppen. Mäuse, die mit CLA gefüttert wurden wiesen kleinere Tumore und weniger Metastasen in der Lunge auf als Tiere, die die Standarddiät erhielten. Die Autoren folgerten aus ihren Beobachtungen, dass CLA die Karzinogenese positiv beeinflussen können.

Eine Studie von IP et al. (1996) beschäftigte sich mit der Frage, ob Menge und Zusammensetzung des aufgenommenen Nahrungsfetts die antikarzinogene Aktivität der CLA in Ratten beeinflusst. Die Diäten der Tiere beinhalteten Fettmischungen, die der Fettkomposition der amerikanischen Nahrungsgewohnheiten entspricht. Diese Mischungen lagen zu 10%, 13,3%, 16,7% oder 20% in den Diäten vor. Zur Untersuchung der Fettarten wurde den Versuchstieren 20% Fett entweder aus Keimöl oder aus Schweineschmalz verabreicht. Die Resultate zeigten, dass das Ausmaß der Tumorinhibition durch 1% CLA in der Nahrung nicht durch Menge und Art des zugeführten Fetts beeinflusst wurde.

IP et al. (2002) untersuchten in einer weiteren Studie die krebshemmenden Aktivitäten verschiedener CLA-Isomere (*cis*-9,*trans*-11- C18:2 und *trans*-10,*cis*-12-C18:2). Eine Reduktion der Karzinome im Brustdrüsengewebe von Ratten nach einer Diät mit 0,5% gereinigter CLA, sollte eine Einschätzung unterschiedlicher Aktivitäten möglich machen. In der Studie zeigte sich, dass beide Isomere eine ähnlich hohe Wirksamkeit besitzen: 24 Wochen nach Induzierung des Krebses sank die Zahl der Brustgewebskarzinome um 35-40%. Die Konzentrationen der CLA-Isomere wurden im Fettgewebe der Brustdrüse analysiert: der Gehalt an *trans*-10,*cis*-12-C18:2 war entgegen den Erwartungen wesentlich geringer als derjenige von *cis*-9,*trans*-11-C18:2.

In einem Versuch von LIEW et al. (1995) wurden F344 Ratten dem karzinogen wirkenden 2-Amino-3-Methylimidazo[4,5-f]quinolin (IQ) ausgesetzt, um mit diesem heterozyklischen Amin einen Kolonkrebs zu induzieren und die Wirkung von CLA auf diesen induzierten Krebs zu überprüfen. Innerhalb von vier Wochen wurde den Tieren alternierend CLA verabreicht, IQ wurde dann ab der dritten Woche an den CLA-freien Tagen verfüttert. Nach der letzten karzinogenen Dosis wurden die Tiere getötet und auf annormal veränderte Krypten (ACF), als Hinweis auf einen Kolonkrebs, untersucht. Während die CLA-Supplementation keinen Einfluss auf die Größe der Krypten hatte, war jedoch die Anzahl der ACF in den mit CLA gefütterten Ratten geringer als in der Kontrollgruppe.

JOSYULA et al. (1998 a) untersuchten im Rattenmodell den CLA-Einfluss auf zwei karzinogen wirkende heterozyklische Amine (2-Amino-1-Methyl-6-Phenylimidazo-[4,5b]Pyridin (PhIP, wirkt speziell im Brustdrüsengewebe karzinogen), 2-Amino-3-Methylimidazo[4,5-f]quinolin (IQ, wirkt im gesamten Organismus karzinogen), die infolge metabolischer Aktivierung DNA-Addukte bilden, welche als charakteristische Krebsrisikoparameter gelten (DNA-Addukt-Bildung: N-Hydroxylierung von PhIP u. IQ, katalysiert durch mircrosomales Cytochrom-P-450 1A1 und/oder 1A2, anschließende Veresterung (speziell O-Acetylierung)).
Die Tiere erhielten eine Diät entweder mit oder ohne CLA und wurden zwei Wochen nach der ersten Dosis CLA mit IQ oder PhIP behandelt. Danach wurden die Tiere getötet und auf DNA-Addukte in epithelialen Brustgewebszellen, Leber, Dickdarm und weißen Blutzellen untersucht. In CLA und IQ behandelten Ratten wurde die Addukt-Bildung im Brustgewebe signifikant gesenkt (82%), in CLA und PhIP behandelten Tieren kam es zu keiner Senkung. Im Dickdarm hemmte CLA die PhIP-Addukt-Bildung und steigerte jedoch die IQ-Addukt-Bildung. In Leber und weißen Blutzellen kam es zu keiner signifikanten Veränderung. Ein ähnlicher Versuch (JOSYULA et al. 1998 b), der ausschließlich mit PhIP durchgeführt wurden, brachte folgende Ergebnisse: CLA hemmte die Addukt-Bildung in der Leber und in den weißen Blutzellen dosisabhängig (bis zu 58%) sowie in den weißen Blutzellen (63-70%). In Brustgewebszellen und im Dickdarm zeigten CLA keine Wirkung. Die Ergebnisse dieser Studien lassen den Schluss zu, dass CLA teilweise das Krebsrisiko senken können.

5.3 *In vivo* Studien an Menschen

Konjugierte Linolsäuren zeigen in vielen verschiedenen *in vitro*- und Tierstudien anti-karzinogene Eigenschaften. Auch am Menschen wurde die Wirkung von CLA unter-sucht.

VOORRIPS et al. (2002) evaluierten die Beziehung zwischen CLA-Aufnahme und Brustkrebshäufigkeit in den Niederlanden. Es zeigte sich nur eine schwach positive Relation zwischen Aufnahme und Häufigkeit einer Erkrankung. Die vermuteten krebshemmenden Eigenschaften von CLA konnten in dieser epidemiologischen Stu-die nicht bestätigt werden.

CHAJES et al. (2003) untersuchten CLA-Konzentrationen im Brustfettgewebe von Frauen (209 Patientinnen) zum Zeitpunkt einer Brustkrebsdiagnose, um von diesen Daten auf das Risiko einer sich anschließenden Metastasenbildung zu schließen. Der CLA-Level im Brustfettgewebe galt als qualitativer Biomarker für die vergangene CLA-Aufnahme. Die durchschnittliche CLA-Konzentration lag bei 0,44% (der Fettsäu-ren insgesamt). 45 Frauen entwickelten Metastasen, bei ihnen konnte jedoch keine signifikante Verbindung zwischen Metastasenbildung und CLA-Konzentrationen im Brustfettgewebe festgestellt werden. Protektive Eigenschaften von CLA schlossen die Autoren anhand der Ergebnisse aus, wiesen allerdings darauf hin, dass die Kon-zentrationen von CLA im Gewebe wahrscheinlich zu gering und die Spannweite der Verteilung zu eng sei um eine Wirkung erkennen zu können.

Antikarzinogene Eigenschaften von konjugierten Linolsäuren konnten nur in den fol-genden zwei Humanstudien beobachtet werden. ARO et al. 2000 befassten sich mit über die Nahrung aufgenommenem und Serum-CLA in finnischen Patientinnen. Es wurden prämenopausale sowie postmenopausale Brustkrebspatientinnen mit einer Kontrollgruppe gleich alter gesunder Frauen verglichen. Bei postmenopausalen Frauen die an Krebs erkrankt waren wurde im Vergleich zur Gruppe der gleichalten gesunden Frauen eine signifikant geringere Aufnahme an CLA über die Nahrung und ein ebenso geringerer Serum-CLA-Spiegel festgestellt. Im Hinblick auf diese Ergebnisse kann eine Ernährung mit CLAreichen Lebensmitteln laut ARO et al. einen Schutz vor Brustkrebs bieten.

CLA und ihre Effekte auf die Lipidperoxidation wurden ebenfalls in einer Human-studie untersucht (BASU et al. 2000). Nach einer CLA-Supplementation (4,2 g/d) wurde die Ausscheidung von 8-Iso-PGF$_{2\alpha}$ und 15-Keto-Dihydro--PGF$_{2\alpha}$ im Urin gemessen. Es handelt sich hierbei um zwei Bioindikatoren für enzymatische und nicht-enzymatische Lipidperoxidation *in vivo*. Die Konzentrationen beider gemessener Parameter stiegen signifikant innerhalb der drei Testmonate im Vergleich zu Kontrollgruppe. Folglich steigern CLA die Lipidperoxidation im Menschen. Laut BASU et al. wird die zytotoxische Eigenschaft der CLA, die sich in Studien gezeigt hat (siehe auch SHULTZ et al. 1992 b), assoziiert mit einer gesteigerten Lipidperoxidation.

6 Inhibition der Karzinogenese durch CLA: Potentielle Mechanismen

CLA sind in der Lage, auf Entstehung und Entwicklung einer Krebserkrankung einzuwirken. Zell- und Tierversuche sowie Humanstudien liefern in diesem Zusammenhang eindeutige Belege (siehe Kapitel 5). Wie CLA wirken können, beschreiben verschiedene potentielle Mechanismen.

Nach PARIZA et al. (1999) gibt es drei Wege der Beeinflussung:

1. Direkte Einwirkung auf den Prozess der Karzinogenese, indem Hauptentwicklungsschritte durch CLA gehemmt werden.

- Initiation: CLA modulieren Prozesse wie z.B. durch freie Radikale induzierte Oxidationen oder karzinogene DNA-Addukt-Bildung in einigen Geweben.

- Promotion: CLA reduzieren die Tumorbildung – der zugrunde liegende Mechanismus unterscheidet sich generell von dem der Anti-Initiation und wird in unterschiedlichen Ansätzen erklärt (siehe unten).

- Progression und Metastasierung: Die Wirkungsweise ist noch ungeklärt (BELURY 2002).

2. Durch Reduktion des Körperfetts, welches indirekt das Krebsrisiko beeinflusst, bei gleichzeitiger Zunahme der fettfreien Körpermasse (OSTROWSKA et al. 1999, PARK et al. 1997, WEST et al. 1998).

3. Durch Reduktion von Kachexie, die mit fortschreitender Krebserkrankung und Krebsbehandlung (z.B. Chemotherapie) auftritt (WHIGHAM et al. 2000, YANG et al. 2000, COOK et al. 1993).

BELURY (2002) beschreibt potentielle Mechanismen, die sich speziell auf die Phase der Tumorpromotion beziehen: CLA können z.B. die Proliferation von Mammakarzinomzellen reduzieren, indem die DNA-Synthese sowie synthetisierende Proteine in den „terminal end buds" blockiert werden („terminal end buds" = Endalveolen/-knospen der Milchgänge des Brustdrüsengewebes, an denen die Tumorbildung beginnt). Andererseits reduzieren CLA die Expression von Zellkomponenten z.B. die der Zykline A und D. Mitose-auslösende Signale (z.B. Wachstumsfaktoren, Tumorviren) können diese Proteine, welche die Zellteilung regulieren (insbesondere den Übergang von der G_1– zur S-Phase) negativ beeinflussen (KOOLMAN und RÖHM 1998).

CLA sind laut BELURY (2002) ebenfalls in der Lage Apoptose in den verschiedenen Geweben (Brustgewebe, Leber, Darm, Fettgewebe) zu induzieren. Apoptose bietet einen Schutz gegen Krebs via programmiertem Zelltod, der zu einem „sauberen" Abbau und Entfernen von Zellen führt.

Ein hoher PGE_2-Level in Geweben wird mit einer Zelltumorentwicklung in Verbindung gebracht. CLA sind an dieser Stelle der Lage, die Eicosanoidsynthese, insbesondere von PGE_2, aus Arachidonsäure zu reduzieren, indem CLA den Vorläufer der Arachidonsäure, die Linolsäure, verdrängen. CLA vermag ebenfalls die Cyclooxygenase, die zur Eicosanoidbildung nötig ist, zu hemmen oder der Bildung und Aktivität dieses Enzyms antagonistisch entgegen zu wirken.

Der außerdem mögliche Einbau von CLA in die Phospholipide von Membranen anstelle von Arachidonsäure, resultiert in einer veränderten Membranfluidität, verbunden mit einer Änderung des Signalübertragungsweges. Insbesondere die Protein-Kinase C wird beeinflusst (BELURY 1995). Protein-Kinasen sind membranständige Rezeptoren, die Signale von außen ins Zellinnere vermitteln. Tumorpromotoren gelten als Aktivatoren der Protein-Kinase C (KOOLMAN und RÖHM 1998).

Konjugierten Linolsäuren ist es darüber hinaus möglich den Peroxisom-proliferationsaktivierenden Rezeptor (PPAR) zu modulieren. PPAR stellt einen Transkriptionsfaktor dar, der für die Genexpression von Enzymen des Fettsäurestoffwechsels benötigt wird. Isomere der CLA besitzen eine hohe Affinität zu PPAR. Sie binden an diesen Rezeptor und verstärken dadurch seine Aktivität (BELURY 2002).

PPAR scheint die Tumorprogression zu hemmen, möglicherweise via Hemmung der Zellproliferation (JACKSON et al. 2003) oder Induzierung von Apoptose (ZHANG et al. 2003).

7 Fazit

Die in der vorliegenden Arbeit dargestellten Studien belegen, dass CLA in der Lage sind, positiv auf die Kanzerogenese einzuwirken. In den *in vitro-* Studien wurden hauptsächlich Mammakarzinomzellen untersucht. Auf diese Krebszellen wirkten CLA in jeder der präsentierten Studien wachstumshemmd. An dieser Stelle ist zu berücksichtigen, dass CLA in den Versuchen direkt auf die Krebszellen einwirken konnten. Im Gegensatz dazu müssen sie im menschlichen Körper zunächst absorbiert werden und zum Wirkungsort gelangen. Dieser Stoffwechselweg kann unter Umständen von endogenen Faktoren negativ beeinflusst werden, sodass eine optimale Wirkung der konjugierten Linolsäuren nicht mehr möglich ist.

Da die Forschungen sich in der Vergangenheit überwiegend auf *in vitro-* und Tierversuche beschränkten, sollten in Zukunft Untersuchungen der Wirkung von CLA auf den menschlichen Körper im Vordergrund stehen. Die Zahl der *in vivo* Studien an Menschen ist derzeit gering und nur in zwei der vorgestellten Studien konnte eine antikarzinogene Aktivität nachgewiesen werden. Dies liefert noch keinen eindeutigen Beleg für eine Inhibition durch CLA. Außerdem beschäftigen sich die Studien hauptsächlich mit Probandinnen, die schon an Krebs erkrankt waren und bringen eine Tumorbildung mit der zurückliegenden CLA-Aufnahme in Verbindung. Interessant wäre daher zu untersuchen, welche präventiven Elgenschaften konjugierte Linolsäuren in Humanstudien aufweisen.

Da in den Experimenten häufig CLA-Gemische verwendet werden ist außerdem unklar, ob ein einziges Isomer oder mehrere Isomere synergetisch für die antikarzinogenen Effekte verantwortlich sind. Möglich wäre auch ein Zusammenspiel der Isomere mit anderen Nahrungsbestandteilen.

Ein weiterer wichtiger Punkt ist die genauere Bestimmung von CLA-Dosierungen, um optimale physiologische Wirkungen erreichen zu können. In den vorgestellten *in vivo* Studien an Tieren werden unterschiedliche CLA-Supplementierungen über die Diäten verabreicht. Tiere die höhere Mengen CLA erhielten wiesen weniger Tumore auf als Tiere, die geringe CLA-Dosierungen erhalten hatten. Dies lässt den Schluss zu, dass auch für den Mensch eine höhere Zufuhr konjugierter Linolsäuren sinnvoll sein könnte. Über CLA-Supplementierungen in der menschlichen Ernährung ist derzeit wenig bekannt, daher ist es notwendig zukünftig Untersuchungen zur Unbedenklichkeit durchzuführen um Nebeneffekte, zum Beispiel toxikologische Wirkungen, ausschließen zu können.

keit durchzuführen um Nebeneffekte, zum Beispiel toxikologische Wirkungen, ausschließen zu können.

8 Zusammenfassung

Die Forschung auf dem Gebiet der konjugierten Linolsäuren (CLA) hat in den letzten 10 Jahren stetig zugenommen, seitdem ihre besonderen physiologischen Eigenschaften beschrieben wurden und eine gesundheitsfördernde Wirkung für den Menschen in Betracht gezogen wurde.

Die Synthese der CLA erfolgt natürlicherweise während der bakteriellen Fermentation im Pansen von Wiederkäuern. Daher sind die Isomere der CLA hauptsächlich in Milch und Milchprodukten sowie in tierischen Fetten, insbesondere in Fetten von Wiederkäuern zu finden.

In zahlreichen Tierexperimenten zeigten CLA antiatherogene, immunmodulierende, antithrombotische, -diabetogene, -allergene Eigenschaften, veränderten Körperzusammensetzung und konnten Knochen- und Knorpelmasse erhöhen.

Neben den genannten Eigenschaften spielen CLA zunehmend eine wichtige Rolle im Bereich der Krebsprävention. Die in der vorliegenden Arbeit vorgestellten Studien zur Wirkung der CLA als antikarzinogenes Agens liefern unterschiedliche Ergebnisse: *In vitro*-Studien, die hauptsächlich an Mammakarzinomzellen durchgeführt wurden, bestätigen ein antikarzinogenes Potential. Auch die Resultate der *in vivo*-Versuche an Tieren (Ratten, Mäusen) konnten dieses Ergebnis unterstützen. Die vergleichsweise geringe Zahl der *in vivo* Studien, in denen die Wirkung der CLA im menschlichen Körper untersucht wurde, zeigen nur wenig Erfolg: CLA weisen in diesen Studien teilweise antikarzinogene Eigenschaften auf.

Bezüglich der Wirkungsweise von CLA auf die Kanzerogenese werden in der Literatur verschiedene potentielle Mechanismen beschrieben. Sie beziehen sich auf die einzelnen Phasen der Kanzerogenese. Wie konjugierte Linolsäuren auf zellulärer Ebene zum Zeitpunkt der Initiation und Promotion wirken können ist nahezu aufgeklärt. Die Art der Wirkung von CLA zum Zeitpunkt von Progression und Metastasierung ist noch unklar.

9 Literatur

ARO, A., MANNISTO, S., SALMINEN, I., OVASKAINEN, M.L., KATAJA, V., UUSITUPA, M. (2000): Inverse association between dietary and serum conjugated linoleic acid and risk of breast cancer in postmenopausal women. *Nutrition and Cancer* **38**, 151-157

BASU, S., SMEDMAN, A., VESSBY, B. (2000): Conjugated linoleic acid induces lipid peroxidation in humans. *FEBS Letters* **468**, 33-36

BELURY, M.A. (1995): Conjugated dienoic linoleate: A polyunsaturated fatty acid with unique chemoprotective properties. *Nutrition Reviews* **53**, 83-89

BELURY, M.A. (2002): Inhibition of carcinogenesis by conjugated linoleic acid: Potential Mechanisms of Action. *Journal of Nutrition* **132**, 2995-2998

BELURY, M.A., NICKEL, K.P., BIRD, C.E., WU, Y. (1996): Dietary conjugated linoleic acid modulation of phorbol ester skin tumor promotion. *Nutrition and Cancer* **26**, 149-157

BIESALSKI, H.K., GRIMM, P. (2002): Fettsäuren. In: Taschenatlas der Ernährung. 2. Auflage, Georg Thieme Verlag, Stuttgart; 78

BINGHAM, S. (1998): Diet and cancer causation. In: MANN, J., TRUSWELL, S. (eds.): Essentials of human nutrition. Oxford/NY/Tokio, Oxford University Press, 309-311

BLANKSON, H., STAKKESTAD, J.A., FAGERTUN, H., THOM, E., WADSTEIN, J., GUDMUNDSEN, O. (2000): Conjugated linoleic acid reduces body fat in overweight and obese humans. *Journal of Nutrition* **130**, 2943-2948

BLOCK, G., PATTERSON, B., SUBAR, A. (1992): Fruit, vegetables, and cancer prevention: a review of the epidemiological evidence. *Nutrition and Cancer* **18**, 1-29

BROCKHAUS (2001): Der Brockhaus der Ernährung, Mannheim, 392-393

BYERS, T., GUERRERO, N. (1995): Epidemiologic evidence for vitamin C and vitamin E in cancer prevention. *The American Journal of Clinical Nutrition* **62**, 1385S-1392S

CESANO, A., VISONNEAU, S., SCIMECA, J.A., KRITCHEVSKY, D., SANTOLI, D. (1998): Opposite effects of linoleic acid and conjugated linoleic acid on human prostatic cancer in SCID mice. *Anticancer Research* **18**, 1429-1434

CHAJES, V., LAVILLONNIERE, F., MAILLARD, V., GIRAUDEAU, B., JOURDAN, M.L., SEBEDIO, J.L., BOUGNOUX, P. (2003): Conjugated linoleic acid content in breast adipose tissue of breast cancer patients and the risk of metastasis. *Nutrition and Cancer* **45**, 17-23

COOK, M.E., MILLER, C.C., PARK, Y., PARIZA, M. (1993): Immune modulation by altered nutrient metabolism: nutritional control of immune-induced growth depression. *Poultry Science* **72**, 1301-1305

CUNNINGHAM, D.C., HARRISON, L.Y., SHULTZ, T.D. (1997): Proliferative responses of normal human mammary and MCF-7 breast cancer cells to linoleic acid, conjugated linoleic acid and eicosanoid synthesis inhibitors in culture. *Anticancer Research* **17**, 197-203

DURGAM, V.R., FERNANDES, G. (1997): The growth inhibitory effect of conjugated linoleic acid on MCF-7 cells is related to estrogen response system. *Cancer Letters* **116**, 121-130

EISENBRAND, G., DAYAN, A.D., ELIAS, P.S., GRUNOW, W., SCHLATTER, J. (2000): Carcinogenic and anticarcinogenic factors in food. 1. Auflage, Wiley-VCH Verlag GmbH, Weinheim

ELMADFA, I., LEITZMANN, C. (1998): Ernährung des Menschen. 3. Auflage, Verlag Eugen Ulmer, Stuttgart, 487-572

FERGUSON, L.R. (1999): Natural and man-made mutagens and carcinogens in the human diet. *Mutation Research* **443**, 1-10

FRITSCHE, J., STEINHART, H. (1998 b): Amounts of conjugated linoleic acid (CLA) in German foods and evaluation of daily intake. *Zeitschrift für Lebensmittel-Untersuchung und -Forschung* **206**, 77-82

FRITSCHE, J., RICKERT, R., STEINHART, H., YURAWECZ, M.P., MOSSOBA, M.M., SEHAT, N., ROACH, J.A.G., KRAMER, J.K.G., KU, Y. (1999): Conjugated linoleic acid (CLA) isomers: formation, analysis, amounts in foods, and dietary intake. *Fett/Lipid* **101**, 272-276

GIOVANNUCCI, E. (1999): Nutritional factors in human cancers. *Advances in Experimental Medicine and Biology* **472**, 29-42

GNÄDIG, S. (2002): Conjugated Linoleic Acid (CLA): Effect of processing on CLA in cheese and the impact of CLA on the arachidonic acid metabolism. *Dissertation*, Universität Hamburg

GRIINARI, J.M., CORI, B.A., LACY, S.H., CHOUINARD, P.Y., NURMELA, K.V.V., BAUMAN, D.E. (2000): Conjugated linoleic acid is synthesized endogenously in lactating dairy cows by Delta(9)-desaturase. *Journal of Nutrition* **130**, 2285-2291

GRUNDMANN, E. (1992): Einführung in die allgemeine Pathologie. 8. Auflage, Gustav Fischer Verlag, Stuttgart/Jena/New York

GUYAN, P.M., UDEN, S., BRAGANZA, J.M. (1990): Heightened free radical activity in pancreatitis. *Free Radical Biology & Medicine* **8**, 347-354

HA, Y.L., GRIMM, N.K., PARIZA, M.W. (1987): Anticarcinogens from fried ground beef: heat-altered derivatives of linoleic acid. *Carcinogenesis* **8**, 1881-1887

HERBEL, B.K., MCGUIRE, M.K., MCGUIRE, M.A., SHULTZ, T.D. (1998): Safflower oil consumption does not increase plasma conjugated linoleic acid concentrations in humans. *The American Journal of Clinical Nutrition* **67**, 332-332

HOUSEKNECHT, K.L., VANDEN HEUVEL, J.P., MOYA-CAMARENA, S.Y., PORTOCARRERO, C.P., PECK, L.W., NICKEL, K.P., BELURY, M.A. (1998): Dietary conjugated linoleic acid normalizes impaired glucose tolerance in the zucker diabetic fatty fa/fa rat. *Biochemical and Biophysical Research Communications* **244**, 678-682

IGARASHI, M., MIYAZAWA, T. (2001): The growth inhibitory effect of conjugated linoleic acid on a human hepatoma cell line, HepG2, is induced by a change in fatty acid metabolism, but not the facilitation of lipid peroxidation in the cells. *Biochimica et Biophysica Acta* **1530**, 162-171

IP, C., BRIGGS, S.P., HAEGELE, A.D., THOMPSON, H.J., STORKSON, J., SCIMECA, J.A. (1996): The efficacy of conjugated linoleic acid in mammary cancer prevention is independent of the level or type of fat in the diet. *Carcinogenesis* **17**, 1045-1050

IP, C., DONG, Y., IP, M.M., BANNI, S., CARTA, G., ANGIONI, E., MURRU, E., SPADA, S., MELIS, M.P., SAEBO, A. (2002): Conjugated linoleic acid isomers and mammary cancer prevention. *Nutrition and Cancer.* **43**, 52-58

JACKSON, L., WAHLI, W., MICHALIK, L., WATSON, S.A., MORRIS, T., ANDERTON, K., BELL, D.R., SMITH, J.A., HAWKEY, C.J., BENNETT, A.J. (2003): Potential role for peroxisome proliferator activated receptor (PPAR) in preventing colon cancer. *Gut: The Journal of the British Society of Gastroenterology* **52**, 1317-1322

JOSYULA, S., SCHUT, H.A. (1998 a): Effects of dietary conjugated linoleic acid on DNA adduct formation of PhIP and IQ after bolus administration to female F344 rats. *Nutrition and Cancer* **32**, 139-145

JOSYULA, S., HE, Y.H., RUCH, R.J., SCHUT, H.A. (1998 b): Inhibition of DNA adduct formation of PhIP in female F344 rats by dietary conjugated linoleic acid. *Nutrition and Cancer* **32**, 132-138

KELLEY, D.S., TAYLOR, P.C., RUDOLPH, I.L., BENITO, P., NELSON, G.J., MACKEY, B.E., ERICKSON, K.L. (2000): Dietary conjugated linoleic acid did not alter immune status in young healthy women. *Lipids* **35**, 1065-1071

KEMP, P., WHITE, R.W., LANDER, D.J. (1975): The hydrogenation of unsaturated fatty acids by five bacterial isolates from the sheep rumen, including new species. *The Journal of General Microbiology* **90**, 100-114

KEPLER, C.R., HIRONS, K.P., MCNEILL, J.J., TOVE, S.B. (1966): Intermediates and products of the biohydrogenation of linoleic acid by *Butyrivibrio fibrisolvens*. *The Journal of Biological Chemistry* **241**, 1350- 1354

KOOLMAN, J., RÖHM, K.H. (1998): Taschenatlas der Biochemie. 2. Auflage, Georg Thieme Verlag, Stuttgart

KRAFT, J., JAHREIS, G. (2001): Konjugierte Linolsäuren: Genese und metabolische Wirkungen. *Ernährungs-Umschau* **48**, 348-355

KREBSHILFE (2003):
URL: http://www.krebshilfe/de/ratgeber/inhaltneu.asp?Nr=7&brosch=gesund
(Stand: 06.05.2003)

KRITCHEVSKY, D. (1997): Dietary fibre and cancer. *European Journal of Cancer Prevention* **6**, 435-441

KROKE, A., BOEING, H. (1997): Ernährung und Krebs – epidemiologische Evidenz. Referate der 5. Ernährungsfachtagung der Deutschen Gesellschaft für Ernährung, 13.11.1997 in Jena, 17-26

KROKE, A., BOEING, H. (2000): Die Rolle der Ernährung bei der Entstehung und Prävention chronischer Erkrankungen. *Aktuelle Ernährungsmedizin* **25**, 12-15

KUSHI, L., GIOVANNUCCI, E. (2002): Dietary fat and cancer. *The American Journal of Medicine* **113**, 63S-70S

LEE, K.N., KRITCHEVSKY, D., PARIZA M.W. (1994): Conjugated linoleic acid and atherosclerosis in rabbits. *Atherosclerosis* **108**, 19-25

LEVI, F., LUCCHINI, F., NEGRI, E., BOYLE, P., LA VECCHIA, C. (1999): Cancer mortality in Europe, 1990-1994, and an overview of trends from 1955 to 1994. *The European Journal of Cancer* **35**, 1477-1516

LIEW, C., SCHUT, H.A., CHIN, S.F., PARIZA, M.W, DASHWOOD, R.H. (1995): Protection of conjugated linoleic acids against 2-amino-3-methylimidazo[4,5-f]-quinoline-induced colon carcinogenesis in the F344 rat: a study of inhibitory mechanisms. *Carcinogenesis* **16**, 3037-3043

MEDINA, E.A., HORN, W.F., KEIM, N.L., HAVEL, P.J., BENITO, P., KELLEY, D.S., NELSON, G.J., ERICKSON, K.L. (2000): Conjugated linoleic acid supplementation in humans: Effects on circulating leptin concentrations and appetite. *Lipids* **35**, 783-788

MENGEL, K. (1994): Einführung in die Biochemie. 4. Auflage, Eigenverlag, Brühlsche Universitätsdruckerei Gießen, 165-176

MUNDAY, J.S., THOPSON, K.G., JAMES, K.A.C. (1999): Dietary conjugated linoleic acids promote fatty streak formation in the C57BL/6 mouse atherosclerosis model. *The British Journal of Nutrition* **81**, 251-255

NICOLOSI, R.J., ROGERS, E.J., KRITCHEVSKY, D., SCIMECA, J.A., HUTH, P.J. (1997): Dietary conjugated linoleic acid reduces plasma lipoproteins and early aortic atherosclerosis in hypercholesterolemic hamsters. *Artery* **22**, 266-277

NISHINO, H., TOKUDA, H., MURAKOSHI, M., SATOMI, Y., MASUDA, M., ONOZUKA, M., YAMAGUCHI, S., TAKAYASU, J., TSURUTA, J., OKUDA, M.,

KHACHIK, F., NARISAWA, T., TAKASUKA, N., YANO, M. (2000): Cancer prevention by natural carotenoids. *Biofactors* **13**, 89-94

OSTROWSKA, E., MURALITHARAN, M., CROSS, R.F., BAUMAN, D.E., DUNSHEA, F.R. (1999): Dietary conjugated linoleic acid increase tissue and decrease fat deposition in growing pigs. *Journal of Nutrition* **129**, 2037-2042

PARIZA, M.W., HARGRAVES, W.A. (1985): A beef-derived mutagenesis modulator inhibits initiation of mouse epidermal tumors by 7,12-dimethylbenz[a]anthracene. *Carcinogenesis* **6**, 591-593

PARIZA, M.W., PARK, Y., COOK, M.E. (1999): Conjugated linoleic acid and the control of cancer and obesity. *Toxicological Sciences* **52**, 107-110

PARK, Y., ALBRIGHT, K.J., LIU, W., STORKSON, J.M., COOK, M.E., PARIZA, M.W. (1997): Effect of conjugated linoleic acid on body composition in mice. *Lipids* **32**, 853-858

QUINN, M.J. (2003): Cancer Trends in the United States - A View from Europe. *Journal of the National Cancer Institute* **95**, 1258-1261

REDDY, B.S. (1999): Prevention of colon carcinogenesis by components of dietary fiber. *Anticancer Research* **19**, 3681-3683

RIBOLI, E., NORAT, T. (2003): Epidemiologic evidence of the protective effect of fruit and vegetables on cancer risk. *The American Journal of Clinical Nutrition* **78**, 559S-569S

RICKERT, R., STEINHART, H. (2001): Bedeutung, Analytik sowie Vorkommen von konjugierten Linolsäureisomeren (CLA) in Lebensmitteln. *Ernährungs-Umschau* **48**, 4-7

RITZENTHALER, K.L., MCGUIRE, M.K., FALEN, R., SHULTZ, T.D., DASGUPTA, N., MCGUIRE, M.A. (2001): Estimation of conjugated lioleic acid intake by written dietary assessment methodologies underestimates actual intake evaluated by fodd duplicate methodology. *Journal of Nutrition* **131**, 1548-1554

SHULTZ, T.D., CHEW, B.P., SEAMAN, W.R., LUEDECKE, L.O. (1992 a): Inhibitory effect of conjugated dienoic derivatives of linoleic acid and beta-carotene on the in vitro growth of human cancer cells. *Cancer Letters* **63**, 125-133

SHULTZ, T.D., CHEW, B.P., SEAMAN, W.R. (1992 b): Differential stimulatory and inhibitory responses of human MCF-7 breast cancer cells to linoleic acid and conjugated linoleic acid in culture. *Anticancer Research* **12**, 2143-2145

SUGANO, M., TSUJITA, A., YAMASAKI, M., NOGUCHI, M., YAMANDA, K. (1998): Conjugated linoleic acid modulates tissue levels of chemical mediators and immunglobulins in rats. *Lipids* **33**, 521-527

STEINMETZ, K.A., POTTER, J.D. (1996): Vegetables, fruit, and cancer prevention: a review. *Journal of the American Dietetic Association* **96**, 1027-1039

TRUITT, A., MCNEILL, G., VANDERHOEK, J.Y. (1999): Antiplatelet effects of conjugated linoleic acid isomers. *Biochimica et Biophysica Acta* **1438**, 239-246

VOORRIPS, L.E., BRANTS, H.A.M., KARDINAAL, A.F.M., HIDDINK, G.J., VAN DER BRANDT, P.A. (2002): Intake of conjugated linoleic acid, fat, and other fatty acids in relation to postmenopausal breast cancer: the Netherlands Cohort Study on Diet and Cancer. *The American Journal of Clinical Nutrition* **76**, 873-882

YANG, M., PARIZA, M.W., COOK, M.E. (2000): Dietary conjugated linoleic acid protects against end stage disease of systemic lupus erythematosus in the NZB/W F1 mouse. *Immunopharmacology and Immunotoxicology* **22**, 433-449

WAKABAYASHI, K., NAGAO, M., ESUMI, H., SUGIMURA, T. (1992): Food-derived mutagens and carcinogens. *Cancer Research* **52**, 2092S-2098S

WATKINS, B.A., SEIFERT, M.F. (2000): Conjugated linoleic acid and bone biology. *Journal of the American College of Nutrition* **19**, 478S-486S

WEST, D.B., DELANY, J.P., CAMET, P.M., BLOHM, F., TRUETT, A.A., SCIMECA, J. (1998): Effects of conjugated linoleic acid on body fat and energy metabolism in the mouse. *American Journal of Physiology* **275**, R667-R672

WHIGHAM, L.D., COOK, M.E., ATKINSON, R.L. (2000): Conjugated linoleic acid: Implications for human health. *Pharmalogical Research* **42**, 503-510

WILLETT, W.C. (1990): Epidemiologic studies of diet and cancer. *Medical Oncology and Tumor Pharmacotherapy* **7**, 93-97

WILLETT, W.C. (1997): Nutrition and cancer. *Revista Salud Publica de Mexico* **39**, 298-309

WILLETT, W.C. (1998): Dietary fat intake and cancer risk: a controversial and instructive story. *Seminars in Cancer Biology* **8**, 245-253

WOGAN, G.N. (1985): Diet and nutrition as risk factors for cancer. *Princess Takamatsu Symposium* **16**, 3-10

ZAMBELL, K.L., KEIM, N.L., VAN LOAN M.D., GALE, B., BENITO, P., KELLEY, D.S., NELSON, G.J. (2000): Conjugated linoleic acid supplementation in humans: effects on body composition and energy expenditure. *Lipids* **35**, 777-782

ZHANG, M., ZOU, P., BAI, M., TAO, X.N., JIN, Y., GUO, R. (2003): Apoptosis of human lung cancer cells induces by activated peroxisome proliferatior-activated receptor-gamma and ist mechanism. *Zhonghua Yi Xue Za Zhi* **83**, 1169-1172